壁面花园

Vertical Garden Decoration

日本 FG 武蔵◎编著　Miss Z ◎译

长江出版传媒　Ⓚ湖北科学技术出版社

体验立体的

园艺之乐

Garden
Decoration

Garden

Decoration

小庭院、小阳台……

有一面墙，就有无限的可能

Contents
目录

*DECO：装饰，装饰物

活用壁面，
让狭小的花园焕发光彩

利用纵深感打造立体花园！

如何利用有限的空间打造出漂亮的小花园？可以在错落感、纵深感的展现上花些心思——活用壁面、巧妙搭配杂货、划分区域……下面介绍的3个案例，都充分运用了延展画面的小技巧。

植物与建筑浑然一体，
打造犹如西洋画中的花园

田村勤子女士

用精心设计的石墙
打造如画般的角落

①用DIY的石头栅栏墙作为花园的边界，上端堆叠形状不一的石块，再用月季'海蒂·克鲁姆'遮挡裸露的水泥墙，提升氛围感。②这块挂着名牌、充满设计感的墙面，也是用砖块和石膏DIY而成。它恰到好处地遮挡住了凉棚内部的景色，同时，石膏顶角线的装饰让整个墙面增色不少。

勤子的家位于马路的转弯处，这棵巨大的日本冷杉既是她家的标志树，也在从屋内向外看时，起到了遮挡立于院内的电线杆的作用。

勤子搬进这栋小洋房已经是10年前的事了。她开始造园的契机，是邻居借给她的一本关于藤本月季的书。"这些漂亮的月季和你家的房子很搭……"邻居的一番话让勤子开启了她的造园之旅。

主屋前的花园，算上停车场也不过20㎡。而且，不仅花园内部面积小，外侧由于都是住宅区及道路，远景也缺乏绿意。于是，勤子活用了欧式洋房漂亮的壁面，弥补了这些不足。她将3种藤本月季牵引至房子的外墙，在节省空间的前提下，最大限度地展现了美景。种植空间虽被限制在了伸手能及的小范围内，但她巧妙利用了凉棚、石椅等花园物件来创造意趣。

田村夫妇都是建筑学出身，勤子从事的也是与室内设计相关的工作，在造园的过程中，勤子负责提供创意，丈夫则负责将妻子的想法设计成作品。他们充分利用这一方小天地，运用出众的品位和丰富的知识让花园的每个角落都如同西洋画中的景致，充满格调。

藤本月季'龙沙宝石''夏雪''卢宾'装点着外墙，下方是一把用石板做成的石椅，上面摆放着盆栽植物和动物雕塑。

花园地图

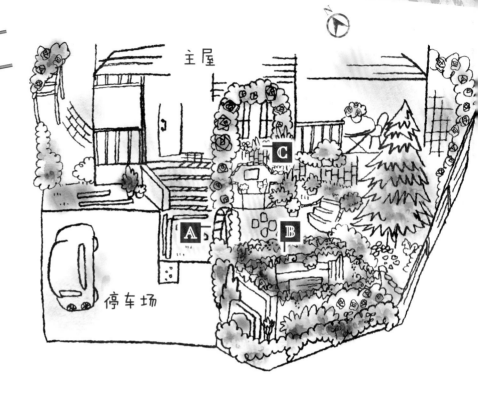

主屋

停车场

花园面积：约20m²

花园的入口处，
月季拱门给人深刻印象

从被月季包围的铁艺拱门下走过进入主花园，这一过程就能带给人满满的幸福感。华丽的'龙沙宝石'让入口处展现繁华盛景。

搭配手工杂货，
让细节也充满亮点

③月季的基部除了被绿植覆盖，还搭配了一块自制的植物名牌——平整的石片刷上黑色涂料，再用金色的油性笔写上植物名，像小杂货般装饰在植物旁，不仅时尚，还不怕被风吹跑。④在标志树的树干上挂着一个用树枝制作的"童话之门"，给花园增添了故事性。⑤小路两侧时隐时现的手工装饰品吸引着人们的眼球。

B 深绿色的凉棚下
是一个别致的闲适角落

勤子想在花园里增设一个可供休憩的场所，于是在原来的停车场搭建了一个凉棚。为了不浪费空间，她将凉棚设计成五角亭，一侧的墙面镶嵌了铁艺小窗，让视觉得到了延伸，凉棚的顶部还牵引上了葡萄藤作为装饰。这些极具创意的设计成就了这个优美、别致的放松空间。

C

⑥

凉棚与其他空间有着约55cm的高度差，勤子设计了一小段台阶将它们相连，这一起伏不仅营造出了立体的效果，还让小小的空间有了延伸感。

⑦

巧用窗边空间
描绘出如画的场景

⑥⑦房子的外墙是这个花园中光照最佳的地方，但是下方的种植空间仅有一块长20cm左右的区域。于是勤子将藤本月季牵引至墙面，沿着窗户围了一圈，形成了一道美妙的风景，下方则种植了耐旱的绵毛水苏等宿根植物。

花园深处，一块手工打造的甲板露台将花园和房屋的客厅相连。堆叠的砖墙、花盆和杂货等摆放在露台的一侧，让这个角落更显出一种纵深感。

分散的空间加以立体改造，也能亮点满满

金家真弓女士

巧妙搭配月季，打造出华丽的壁面风景

①小屋前的花坛中最亮眼的是黄色的月季'金绣娃'，龙面花和黑种草等可爱的小花种植在下方，衬托得月季更加鲜艳、华丽。②铁艺栅栏上牵引的是月季'龙沙宝石'，一旁的墙壁上还装饰了一具精美的壁挂时钟，整体画面更显可爱。③深粉色的月季'安琪拉'和色彩柔和的月季'保罗的喜马拉雅麝香'搭配着爬满墙壁，极为壮观，和谐的色彩搭配让整体色调甜而不腻。

从外侧的花坛到房屋的墙面，小小的院落几乎处处都被花草包围，真弓打造这样一个热闹花园的初心，是为了纪念因先天不足，年纪轻轻就去世了的女儿。为了让在天国的女儿能够开心，她让这个女儿曾经居住过的小院始终都有鲜花绽放。

真弓的家建在一块形状不规则的土地上，为了打造出紧凑又美观的小花园，她将总面积约 30m² 的院子分成了 3 个区域。最外侧是一个长约 14m、宽约 1.2m 的斜坡花坛。踏上花坛间的台阶，分别是小屋右侧（约 8m²）和前方（约 9m²）的细长空间。

为了能活用这 3 块狭小的空间，真弓在打造纵深感上下足了功夫。斜坡上种植了大量的黄栌等低矮的灌木，营造出立体感以提升观赏性；内侧的空间则搭建了小木屋和甲板凉棚，让视线自然地被内部的景观吸引。另外，即使是很小的花园，真弓还是很细致地铺设了小路，让花园更加精致。"搭配的物件全是我丈夫手工做的。为了配合这个小院子，我特意让他按小型尺寸制作。"真弓说。

在这个设计巧妙的小空间里，最耀眼的存在就属真弓最喜爱的月季了。花坛、围墙、花塔、房屋墙面，处处都有月季曼妙的身影，它们让这个小小的院落热闹、华丽起来。

深棕色的小木屋
映衬着柔和的草花

④采光不佳的墙边竖立着一个男主人亲手制作的展示架，既能陈列植物和杂货，又起到了美化的作用。⑤小木屋、路灯、蜡梅树等有一定高度的物件伫立在小花园的深处，吸引着人们的视线，让这个仅约8m²的空间也显得宽敞起来。

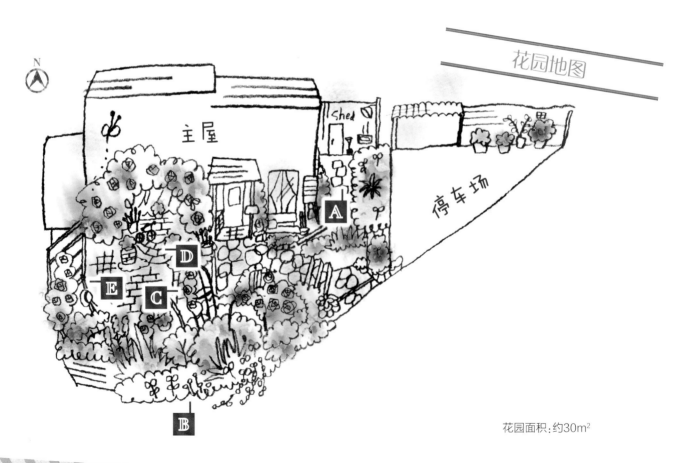

花园地图

花园面积：约30m²

利用高低差营造
富有立体感的画面

利用花坛本身的坡度，将外侧的空间打造成一个错落有致的小花境。此处的主角是四季都能盛开的月季'牧羊女'，几株淡蓝色的小花点缀其间，景色颇为优美。

狭小的角落
也是杂货和植物的舞台

这块约1m²的空间虽然十分狭窄，但脚下用枕木铺设的小径让画面有了变化。光照不足的地面种植了颜色丰富的彩叶植物，华丽的藤本月季则借用攀爬架点亮了整个空间，即使是狭小的角落也可以装扮得鲜艳多彩。

花园深处的甲板凉棚
吸引着人们的视线

这个带有围栏的甲板凉棚虽然只有不到2m²的面积，但其别致的外观成了花园的焦点。棚内摆满了各式各样的杂货和盆栽，棚顶还牵引着藤本月季，坐在此处欣赏花园的景色，颇为惬意。

精心设计的墙角
为花园又添一景

采光不佳、花草难以成活的墙角，干脆就用红砖装饰，摆上各种杂货、盆栽和动物雕塑，做成可爱的一景吧。

用充满故事性的杂货
打造紧凑、立体的壁面花园

谷口悦子女士

A

①

②

59

主屋

停车场

花园面积：约45m²

在花园深处设置焦点，巧妙提升纵深感

①花园的尽头设置了一面小木屋风格的墙，让人有种屋后还有风景的错觉，衬得花园宽敞了许多，同时还能起到阻隔外界视线的作用。前方种植的刺槐也提升了整体的美感。②小屋的一角，堆叠的红砖上放置了一个水泵，看起来像一口古井，极具观赏效果。

C

巧妙利用垂直空间提升层次感

过道的两侧是种植区域，利用攀爬架让月季枝条垂直伸展。充分利用垂直空间，让纵深不够的空间也很有看点。

B

鸡肋角落也能成为风景线

带有搁板的木板墙让玄关一旁的死角摇身一变成了时尚的取水区。装饰上绿植和杂货，十分吸睛。

悦子家的花园是小屋旁一块约45m²的空地。虽然空间有限，但地面、壁面随处都充满了时尚元素，可以说处处都是亮点。

踏入花园，映入眼帘的便是一件件充满格调的花园建筑：前景是一架牵引着月季的蓝色拱门，内侧有一面小屋风格的水泥墙，周围还有红砖堆砌的装饰物、凉亭等，处处都吸引着人们的眼球。风格墙前设置的那具观赏用的水井，更是体现故事性的点睛之笔。

这些极具创意的花园建筑都是喜欢参观开放式花园的女主人悦子亲手设计的。四处走访高水准花园的经历让她拥有了独特的品位，从而设计出了这个让人仿佛置身欧式田园的花园。擅长DIY的丈夫则负责配合悦子将创意变为现实。小巧精致的尺寸，柔和协调的色调，大大小小的装饰物搭配在一起丝毫不觉得压迫或凌乱，反而成功地让小小的空间充满了律动。四处攀爬的月季、脚边缤纷的花草，进一步提升了花园整体的氛围。

拱门上牵引的是白色的月季'龙沙宝石'，园路尽头小屋风格的墙上攀爬的是橘色的月季'玛格丽特王妃'，园路上的石材铺设得整整齐齐，使画面整洁统一又相互呼应。

用围墙打造一处亮点

悦子在花园与停车场的分界处用红砖垒砌出一个取水区，这个极具魅力的小设计不仅起到了遮挡的作用，也是这个空间的一处亮点。

背阴花园的立体改造！

强调植物与建筑的搭配，
享受自然光影的乐趣

很多花友觉得背阴处采光不好，植物不容易养活，从而放弃了花园中的这些角落。其实，色调阴暗的空间，只要多花些心思搭配、打理，也能让花园格调显著提升。

杂货和植物的配色都遵循前浅后深的原则，这样的布局能将视线自然地引向深处。前方拱门上白色的月季'群星'和深紫色月季'特拉德斯坎特'吸引着人们的眼球。

在园路上方设置攀爬架，活用高处采光位

沿着园路两侧的栅栏设置攀爬架，牵引上月季'穆里根'和'安娜·沙尔萨克'，大量的花朵像瀑布般倾泻绽放。攀爬架和栅栏都是白色的，显得空间更为宽敞、明亮。

精心设计的花园建筑
成为玫瑰娇艳绽放的舞台

高桥敦子女士

　　敦子家的花园位于屋子的北侧，由于光线照不到此处，敦子便将碎石、瓦片和砖石拼接铺设于地面，打造出一条颇有设计感的小路。花园之中还设置了木门、拱门等建筑，将细长的空间划分成不同的区域，它们不仅承担着切换场景的功能，还赋予了每个场景不同的氛围，可以说是这个花园的一大亮点。

　　让这个背阴花园魅力四射的关键，是团团绽放的藤本月季。即便花园的采光不佳，对月季情有独钟的敦子，仍然想让月季在自家的花园中华丽绽放。经过多年的试验，她在众多品种中精心挑选出了最容易种植的几种，并将月季的枝条牵引到采光良好的高处。为了不让枝叶过于密集而影响采光，她还特意挑选了枝条较为纤细的品种。这样，迷人的花朵便顺利地在花园中盛开了。如今，'曼宁顿''群星'及粉色多头月季等约20种月季在花园中竞相绽放，不仅如此，耐阴的彩叶植物、多肉植物和野花野草等也值得一赏。敦子为克服困难而萌发的种种创意，最终成就了这个美丽的背阴花园。

花园地图

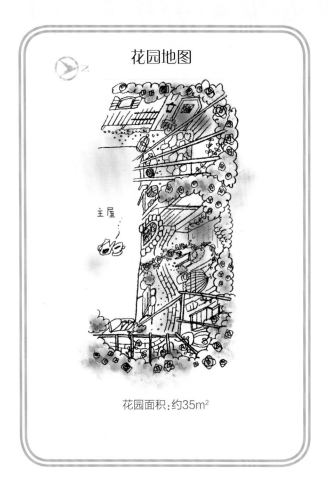

主屋

花园面积：约35m²

合理划分区域，
加深空间的纵深感

花园中间设置了一道石拱门，遮挡了部分视线，拱门上牵引着粉色的多头月季，造型十分华丽。根据不同场景的氛围，拱门两侧的地面设计也有所不同，这样的布置让空间看起来更有层次感，场景的切换也更加自然、流畅。

①

墙面和地面都运用了多种材料进行搭配设计，让有限的空间展现出多样的变化。墙边摆放了一把长椅，人们可以坐在这里观赏盛开的月季。

②

用多样的花草
装点花园的角落

①光线难以到达的地面多半以建材铺设，与墙壁的缝隙间种植了耧斗菜、矾根、山绣球等，颇为显眼。②耐阴的彩叶植物盆栽在花园中随处可见，他们多样的叶形、叶色和质感，给空间增色不少，尤其是充满朝气的大王秋海棠，十分吸引眼球。

借助多样的杂货，
打造热闹的角落

敦子将略微能够晒到太阳的空调外机上方打造成了一个多肉植物和古朴杂货的展台。这一个角落美得犹如一幅画。

用花园建筑
打造景深式布景

③深色岩石堆砌的外墙中嵌入了一面装饰镜，给空间带来了戏剧性的变化。④花园中的建筑据说是由敦子本人设计，然后请认识的木匠制作的。不仅是建筑材料，就连容器的把手、部件的合页都由敦子精心挑选，可谓花足了心思。虽然种植空间有限，但在这小小的花园里，景色依旧美轮美奂。⑤花园的尽头处设计成了门的样子，让人产生空间还会延续的错觉。并且，敦子细致地将门的尺寸设计得偏小，更加强调了远近的空间距离感。

调整花蕾的方向，将美景尽收眼底

攀爬架上藤本月季的花朵本是向着光的方向绽放的，在开花之前把枝条弯曲扭转，让花蕾朝下，这样，坐在花园之中抬头便可欣赏美丽的景色，华丽之上更添韵味。

Small Garden Decoration

把墙壁打扮起来，
让小空间脱胎换骨

作为园艺爱好者，我们常常为局促的面积感到苦恼。其实，小空间正是壁面园艺大显身手的地方。在本章中，我们将看到那些点缀着杂货和植物的墙面是如何将狭小的花园变得乐趣无限。何不立刻动手利用窄小的墙壁和围栏，打造一个立体的花园呢？

A 月季'藤冰山'清新的色彩点缀着陈列杂货的栅栏木架。

B 深色的栅栏上挂着白色木框镜子，让空间显得开阔而明亮。

C 遮挡外界的栅栏既作为背景，又映衬得粉色的月季'安吉拉'格外亮眼。

Small Garden Decoration

美好的前庭花园

婀娜多姿的月季开满栅栏

—— 真理子的月季园

面朝大路的墙面上开满艳丽的月季

在真理子的花园中，华丽的月季爬满了房屋旁的栅栏和小型棚架，花团锦簇的枝条在空中描绘出道道优美的曲线，华美烂漫。其实，真理子家的花园包括停车场在内不过 30m²，主人的设想是将月季作为这个狭小花园中的主角，再搭配种植其他植物，让各种花草在四季竞相盛开，让路过的行人百看不厌。于是她以 DIY 的栅栏为基础，打造出了一个立体式的花园空间。花园里所有的建筑构件都由真理子亲手设计，木工制作则交给先生来出力。花园的风格借鉴了英国科茨沃尔德的街景，油漆也采用了低调考究的自然色系，成功地营造出了自然雅致的氛围。

D 木制的储物箱作为底座，衬托着漂亮的组合盆栽。

E 粉色、紫色的铁线莲和橘黄色的月季与灰蓝色的栅栏搭配十分和谐。

F 栅栏上牵引了英国月季'帕特·奥斯汀'和'什罗普郡少年'，色调深郁，风格独特。

Small Garden Decoration

入口处装点着丰富多彩的草花，
手工制作的栅栏让景致更加独特

混合不同颜色的油漆，调和出微妙柔和的色彩

为了让各种花草的搭配看起来更加和谐，栅栏和拱门的颜色选用了自然的色调。入口处的栅栏和拱门刷成灰蓝色，面对停车场的栅栏则刷成暗褐色，这样一来，狭小的空间里色彩基调和谐，即使出现多种颜色也不会互相冲突。微妙柔和的色泽也将花朵衬托得更加鲜艳。

"将三四种油漆混合起来，调和出的颜色会更有层次。此外，涂刷过的部分再用海绵蘸上别的颜色擦抹，更能打造出做旧的效果。"通过这些手法，真理子成功打造出了她憧憬的美妙花园。

收藏园艺工具的小木屋
也可以玩转壁面装饰

G 小屋的框架由主人设计，建筑材料则由专业人士推荐。

H 将小屋窗边的挂钩作为多肉植物的容器，与一旁的组合盆栽搭配起来，非常吸引眼球。

壁面装饰上大放光彩的植物

深褐色的壁面搭配白色月季

适合灰蓝色背景的两种月季

月季‘藤冰山’

月季‘皮埃尔·欧格夫人’

月季‘帕特·奥斯汀’

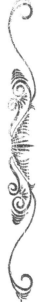

I 停车场与花园入口处之间的拱门上攀爬着柔美的月季'泡芙美人'。

J 茂密的铁线莲中藏着一只可爱的兔子雕塑，犹如童话世界中的一幕。

K 栅栏上悬吊着开满小花的盆栽，成为空间的亮点。

Small Garden
Decoration

迷你壁面花园

壁龛式的装饰窗给人深刻印象

—— 和子的家庭小店

A 陈列杂货的壁龛上装饰着
素烧花盆。
B 旧的园艺工具并排挂在墙
壁上作为独特的花园装饰。
C 青葱的薜荔从地面一直爬
到了壁龛上。
D 墙壁贴上混凝土面板，再
用灰泥和水泥涂抹表面。

中庭的地面被景天属植物和欧活血丹覆盖，选择
即使在背阴处也能顽强生长的植物是编织"绿毯"
的关键所在。

植物的展台

让灰泥墙化身为

手工制作的壁龛

　　和子的家同时也是一间出售花草和乡村风格杂货的小店。她在店里设置了一块约 $20m^2$ 的中庭，中庭面积虽然小，但和子巧妙地利用玻璃作为庭院的隔断，让人们坐在室内的各处都可以看到花园的风景，丝毫不会感到局促。灰泥手抹墙上设置了数处壁龛，装饰上了杂货、草花和组合盆栽，一个精彩的壁面花园一跃而出。

　　和子的先生喜欢做木工，花园中所有的木制品都是她先生手工制作的。制作过程中，最费功夫的事情是如何造就出自然感，墙壁上瓦片的排列、壁龛的位置等布置都透露着质朴、自然的韵味，栽种上草花后，整个空间显得朴实无华、自然和谐。

中庭的布局是专门针对小空间而设计的,中央铺设了红砖小道,增强了画面的纵深感。

壁面装饰上大放光彩的植物

华美感超群的 大花藤本月季	壁面花园中 重要的藤本植物	吸引眼球的 观叶植物
月季'龙沙宝石'	花叶地锦	紫叶黄栌'皇家紫'

E 以壁面花园为背景，充满童趣的宠物屋成了此处的一大亮点。

F 宠物屋设计成乡村小屋的样子，通过对细节的把控，打造出童话般的场景。

G 缠绕着壁龛的是雅致的月季'路易·欧迪'。

H 脚下随意放置的水壶和带有白边的树叶给角落增添了明亮感。

I 为了让白色墙壁和草花之间的过渡更自然，垫高了墙边的花坛，再种上各种植物。

独特的阳台花园
自由搭配的盆栽植物让景色常新

—— 喜美的阳台

A 大株的圣诞玫瑰在蓝色栅栏的映衬下显得格外亮眼。

B 坐在二楼的客厅向外看去，铁艺花架和老式冰箱让整个画面错落有致，立体感十足。

Small Garden Decoration

用盆栽植物
打造百变的阳台花园

阳台与二楼的客厅以一扇推拉门相连，可以直接从推拉门进出打点植物。狭小的空间里以栅栏和壁面为背景，恰到好处地布置了各种盆栽植物，视线所到之处都充满了自然感，再利用棚架和折叠椅作为花台，制造出高低错落之感。

"光线暗的地方添上一盆白花，空间立刻就亮起来了。盆栽植物可以根据花园布局随意调整摆放位置，搭配起来十分方便。"喜美说。阳台入口处的白色和橘黄色墙壁边也排列着花盆，可随时更换，打造充满变化的景色。

C 在厨房的一角，以一个复古的铁皮方盒为容器，栽种了各种香草植物。
D 角落的这块广告板是主人去法国旅游时在跳蚤市场上购得的。
E 木盒里装点着垂吊型的多肉植物，线条自然、柔和美观。
F 薄荷和皱叶生菜种植在成套的搪瓷花器中，挂在蓝色的栅栏上，格外清新。

G 玄关旁边设置了一个装饰架，陈列着各种植物及杂货。

H 竖立的木板上悬挂着一个铁艺花篮，插入新剪下的花枝，清新可爱。

I 阴暗的角落装点着淡雅的白色天竺葵、羽叶薰衣草和微型月季。

壁面装饰上大放光彩的植物

在蓝色背景前
特别显眼的花卉

适合装点在
暖色壁面上的清爽花卉

白掌　　　　　　　常春藤叶天竺葵　　　　　　　素馨叶白英

J 这个角落统一使用了沉稳的土色系装饰, 花架上摆放了一个插着白花的白色水壶, 增添了清爽明快之感。

K 入口处的台阶两侧放置着盆栽, 层层叠叠的台阶使得每一盆植物都可以被清晰地观赏到。

L 在橘黄色墙壁的映衬下, 悬挂在空中的铁艺烛灯静静散发着古典的韵味。

Small Garden Decoration

可爱的杂货花园
用多肉植物和草花营造盎然生机
——敦子的杂货花园

敦子非常喜欢杂货，从数年前就开始把杂货和多肉植物组合起来装点花园。不知不觉中，花园里又增添了月季以及各种草花……

花园中的白色甲板露台和白色木围栏都是敦子先生的大作。粉色的月季'安吉拉'与花坛中缤纷的草花彼此映衬，围栏上悬挂的复古

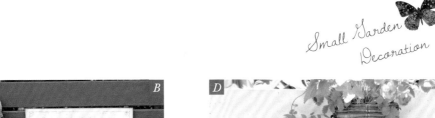

杂货和多肉植物也颇为可爱。复古的色调把鲜艳的草花衬托得格外迷人。

　　这个杂货店般的小花园，也是敦子的孩子们喜爱的玩乐之所。

A 色彩鲜艳的草花在白色墙壁的映衬下显得格外美丽。
B 涂刷成深褐色的木墙被一块写着"Garden"字样的白色装饰牌点亮。
C 巧妙设置盆托，将盆栽植物错落有致地装点到壁面上。
D 白色围栏的缝隙宽窄适度，既可以遮挡视线，又不会影响空气的流通，非常适合牵引月季和悬挂杂货。

E 搪瓷花盆里组合了数种多肉植物，白色容器和彩色叶片十分般配。

F 多肉植物和绿植的小盆栽原本显得有些零碎杂乱，但归拢在架子上就显得干净清爽多了。

壁面装饰上大放光彩的植物

适合作为视觉焦点的 粉色藤本月季	质朴、自然的 多肉植物	极具存在感的 草花

| 藤本月季'安吉拉' | 胧月 | 粉色羽扇豆 |

手工打造的白色露台中放置了一套花园桌椅，坐在此处可以一边休息一边眺望花园。

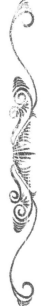

G 白色围栏上装饰着杂货和小植物，整个空间朴素而迷人。

H 露台前面的栅栏内侧设置了一排装饰架，装点着缤纷的多肉植物和草花。

Garden with
fantastic
wall decorations

在花草茂密的空间里，

巧用壁面 DECO
打造独树一帜的花园风格

在被喜爱的花草所包围的空间里，
有什么让幸福感倍增的方法吗？

巧用精致的杂货和植物装点壁面，
打造别具一格的理想花园吧！

古旧的红砖、蓝色的窗框，以及爬满墙壁的爬山虎让人感觉到岁月的流逝。

1

丰盈的绿植和杂货
与多种风格的墙壁融为一体

—— 水惠的"香草之家"

A 台阶旁的壁挂设置成阶梯状，可以随着台阶来改变放置花盆的高度。

B 台阶顶上的鸟笼形饰品是此处的点睛之笔。

C 通往二楼的入口处，墙壁上大型的爬山虎伸展着枝叶，仿佛在欢迎客人的到来。

引入花园之中

把梦中的景色

"香草之家"是一所欧洲乡间农舍风格的开放式花园，自24年前开园以来，迷倒了众多的园艺爱好者。

主人水惠参考的蓝本是欧洲的书籍和电影里的画面，她把梦想中的景色投影到现实中，创造出了这个令人心怡的空间。

水惠巧妙利用阳光房和花架把围绕住宅的花园均匀地分隔开来，设计风格灵活多变。花园四处都装饰着青葱的植物和富有趣味的杂货，简直就和在自家房间里一样舒适愉悦。

D 露台上设置了一间阳光房，坐在此处，给人一种身处室内的感觉。

E 阳光房的一角，伸展的铁线莲枝条和悬挂着的鸟笼增添了轻快的氛围。

F 奶油色的外墙上悬挂着小小的花盆，淡雅的绿植绘出了一幅柔美的景致。

G 白色桌子上摆放着铁艺杂货和暗色花盆，绿植的加入让画面和谐统一。

植物和杂货的摆设 创造出灵动的景致

花园里繁茂的植物充满魅力，生机勃勃的绿植和古旧低调的杂货搭配得天衣无缝，再利用壁面、架子、桌椅把空间各处都点缀到位。杂货和家具都涂刷成灰蓝色，营造沉稳的氛围，杂货的颜色和风格也保持了和谐统一。另外，在视线的焦点处布置上了绿色植物，这样景致就更加自然、清新了。

通过各种巧妙的设计，将花园的壁面装饰起来，让花园处处都有看点，也让整个空间更加舒适、雅致。

H 红陶花盆和搪瓷杂货利用椅子、餐桌、壁面来
展示，画面显得错落有致。
I 花园椅上摆放着杂货和绿植盆栽，地面被一
片小兔子花（蔓柳穿鱼）覆盖，形状可爱的叶片
油绿清新。

灰蓝色的主色调
烘托出一番清爽的景致

Color Magic
提升色彩表现力的
魔法

蓝色调的环境能够营造出平静、雅致的氛围，
灰色的背景则能更好地烘托出植物的美感。

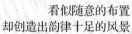

看似随意的布置
却创造出韵律十足的风景

蓝色木板做的壁挂上，错落地点
缀着几种色彩淡雅的杂货，整个
壁面显得饶有风趣。

怀旧风的空间里
柔和的蓝色涂抹上清新的一笔

上 / 阳光房里摆放着一套花园
桌椅，色调沉稳的画面之中蓝
色的水壶令人眼前一亮。
右 / 黄色手抹墙边竖立了一排
淡蓝色的铁艺栅栏，反差色的
搭配增添了新颖的视觉效果。

明亮的蓝色
带来清新的气息

庭院的角落通常容易显得阴
暗闭塞，把装饰门涂刷成清
爽的蓝色，制造出明亮的感觉。

庭院一角设置了一堵带窗户的装饰墙，
把空间分隔得紧凑合理。

case 2

墙壁上嵌入各种杂货，
打造充满个性的景致
——洋子的开放式花园

A 主人非常喜欢玻璃花窗，在阳光所照之处都装上了花窗，尽情享受着光线变幻的魔法。
B 主庭院东屋的设计也尽显主人的创意——把原本是花园地垫的铁艺雕花板竖起来，变成了一列美丽的围栏。
C 鸟笼里摆放着一盆常春藤，从铁丝间垂下的枝叶楚楚动人。

各种装饰 融入葱茏绿意的

　　自从主人把自家的花园向邻里开放以后，环绕在花园四周的手工围栏摇身一变成了展示各种园艺创意的舞台。主人通过减少开花植物的数量、引入铁艺类的物件等方法突出了绿叶的分量和鲜润感，在阳光房或户外座席上小坐休憩，仿佛身处森林中一般舒适惬意。

　　为了营造出异域情调，主人在墙壁上装点了雕花栏板和玻璃花窗。这种种奇思妙想让花园中的每个壁面都变化多端，令人百看不厌，流连忘返。

D 手工制作的百叶窗式花架被涂刷成了深沉的墨蓝色，与浓艳的月季和天竺葵交相辉映。

E 木围栏上嵌入了一扇玻璃花窗，缝隙间冒出头的绣球随风摇曳。

F 通风良好的树荫下是夫妇二人最爱的户外座席。

G 木板围栏按竹帘状排列，装饰上惟妙惟肖的窗户和屋檐，让人错以为是小木屋的外墙。

Color Magic
提升色彩表现力的
魔法

为不同的场景设置不同的主题；
突出主题色，控制辅助的配色，进行点缀式的搭配。

鲜红的花朵恣意伸展，
给人留下深刻的印象

色调深沉的围栏上点
缀着浓艳的月季'安
吉拉'，色彩对比格
外鲜明。

绿色的壁面
映衬着清新的淡紫色花朵

栽种着大花型铁线莲'藤川'的角落。壁面及木
架使用和叶色一致的暗绿色，淡紫色的花朵在
其中一跃而出。

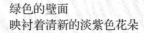

用铁艺小物件
和绿植一起装点空间

东屋角落里放着各种铁艺花园杂货，铸铁
的生硬感与植物的鲜嫩感相映成趣。

各种古色古香的杂货充斥的角落，大红色的天竺葵盆栽散发着熠熠光彩。

case 3

沿着壁面设置围栏，
打造被绿植和杂货包围的空间

—— 文子的花园

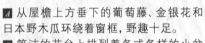

A 从屋檐上方垂下的葡萄藤、金银花和日本野木瓜环绕着窗框，野趣十足。
B 简洁的花台上排列着各式各样的小盆栽，空罐头和旧餐具都活用成了特色花器。

让花园氛围瞬间改观，
角落的魅力动人心弦，

文子的花园中丰盈的绿植和散布在各处的杂货交相辉映，四处都洋溢着优美雅致的气氛。这座沿着房屋侧面建成的花园呈细长形，为了遮挡不雅观的停车场和枯燥的壁面，文子在四周搭建了围栏和装饰架。这些为了美化花园而增设的壁面经过主人的巧手装扮，充分展现了装饰的乐趣。

文子根据在法国旅行时获得的灵感，把花园中的围栏涂刷成了灰色，再装点上淡雅的小物件和小花盆，既有立体感，又有动感。每个角落都与花坛里的草花遥相呼应，呈现出不同的风情，使整个花园熠熠生辉。

把若干种菊科的白色花卉聚集在一起，打造出仿佛草原般的花境。烟灰色和淡绿色的叶片随风轻拂、柔美动人。

C 灰色木板横向排列，用钉子固定在外墙上，再装上搁板和木架，成为摆放盆栽的好地方。

D 装饰着白色小窗的围栏后面是车库，围栏既遮挡了车库，又让花园气氛得到了升华。

Color Magic
提升色彩表现力的
魔法

根据背景的颜色和材质搭配契合的花草与杂货，
享受不一样的花园氛围。

**黑色砖头和色彩渐变的绿植
让人体味明暗的变化之美**

在深色背景的映衬下，颜色
从深到浅变化的绿叶显得更
加悦目。

**用植物装点出
自然风角落**

左/阴暗的角落里悬挂着一束淡绿色的
大凌风草，后面一小束蓬松的兔尾草增
添了融融暖意。
右/以暖色系红砖为背景，前方摆放着一
把朴素的木椅子，蓬松的红色、白色小
花点亮了这个角落。

**红花的吊篮
成为出色的焦点**

下垂型花姿的倒挂金钟挂在窗旁，浓艳的红色花
朵让人眼前一亮。

沿着外墙设置一面围栏，装上几条横向的隔板就成了杂货与小盆栽的舞台。

园艺师　　黑田健太郎

人气园艺店"Flora黑田园艺"的园艺师，在日本园艺杂志担任专栏作家，另著有多本园艺图书，擅长怀旧风格的组合盆栽和花园的设计。

黑田健太郎的

涂刷和装饰
课程

Lesson

　　把墙壁涂刷成别具一格的颜色是提升花园氛围不可缺少的工作。黑田健太郎是一位充满创意的园艺师，特别擅长将植物和杂货组合起来打造出怀旧风的花园装饰，下面就请他来给我们分享壁面涂刷和杂货装饰的技巧。

Lesson 1

涂刷技巧

让平庸的白色栅栏
变身为韵味深长的怀旧杂货

　　把单调的白色栅栏涂成更契合植物和杂货的薄荷绿吧！营造怀旧风的诀窍在于先把两种涂料混合起来涂刷，再用擦色剂来制造出怀旧感。

涂刷前

看腻了白色栅栏，给它来个大变身吧！

【 材料 】

水性擦色剂

水性油漆
浅灰绿 150mL
深墨绿 150mL
※涂刷的栅栏尺寸是270cm×138cm。

【 工具 】

砂纸、木块

碟子和刷子

计量杯

旧毛巾或旧布

准备工作

把两种水性油漆混合
调配成个性化的颜色

将深浅两种绿色油漆按1:1的比例混合，混成适于搭配植物的淡雅薄荷绿。

1

用砂纸卷着小木块把栅栏表面打磨粗糙。

2

用事先混合好的涂料沿着栅栏从上到下，一根一根涂刷木板。

3

拐角和木头节等部位用砂纸擦出发白的感觉。

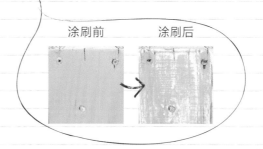

涂刷前　　涂刷后

4

用旧毛巾蘸上擦色剂，涂抹部分地方的油漆，打造斑驳的感觉。

完成！

5

用磨白和擦色的方法，使栅栏显出了旧旧的感觉。

Lesson 2
装饰技巧

用绿植和杂货
装扮涂刷过的栅栏吧！

栅栏涂刷好后，就开始装饰吧！这次装饰的主题是"带有浓浓怀旧韵味的乡村风情"。首先，根据主题选择合适的植物和杂货吧。

1 设置小搁板，
为植物提供展示的舞台

栅栏的正中间设置了一个浅浅的花箱，左右两边则使用旧木材做了两块搁板，以钉子和角铁固定安装在栅栏上。

2 布置旧餐桌和木箱子，
创造出更多装饰的场所

重叠放置的木箱子和餐桌为植物和杂货提供了立体的展示场所。右侧摆放着一盆高高的荚蒾大盆栽，微风吹来，枝叶随风摇曳。

3 装饰上植物和杂货

以多肉作为装饰的主角植物，特意挑选了和墙壁颜色相配的银灰色和黄绿色品种。杂货则以古色古香的灰色或米白色小物件为主。将它们组合搭配起来，让壁面呈现丰富的变化。青翠欲滴的植物间点缀着马口铁和不锈钢杂货，水嫩与硬朗对照显得饶有趣味。

Point 装饰要点

将红色、绿色和黄色的马口铁小盒子作为视线的焦点。

鲜艳的颜色让景色更集中

用生锈的杂货营造怀旧的氛围

从大空间开始装饰,最后在不起眼的小角落也摆上精美的杂货,完成整个设计。

完成!

Lesson 3

制作怀旧风的装饰搁架

　　悬挂式的搁架使用方便，可以作为摆放杂货和植物的小架子装饰在任何地方。利用建材店里买到的素材就可以轻松制作。

【 材料 】

2cm 厚的木板（12cm×62cm）1块
2cm 厚的木板（14.5cm×31cm）1块

※ 也可以将切好的木板放在户外，通过自然风化达到做旧的效果。

建材用铁丝网片
（70cm×86cm）1张

弯曲好的铁丝
（全长140cm）2根

※ 材料事先在建材店切割好会更方便操作。

※ 也可以使用园艺铁丝代替普通铁丝。

【 工具 】

直径5mm 的钻头

铁丝剪　　老虎钳　　电钻

准备工作

1. 剪切铁丝

A 长50cm（2根）

B 长45cm（2根）

C

铁丝是把网格和木板连接在一起的部件。使用铁丝剪按图示操作分别剪出50cm 和45cm 长的铁丝各两根。

D 长12cm（4根）

长13cm（1根）

E

F

长16cm（1根）

使用老虎钳将剩余的铁丝剪切弯曲成D~F 的形状。

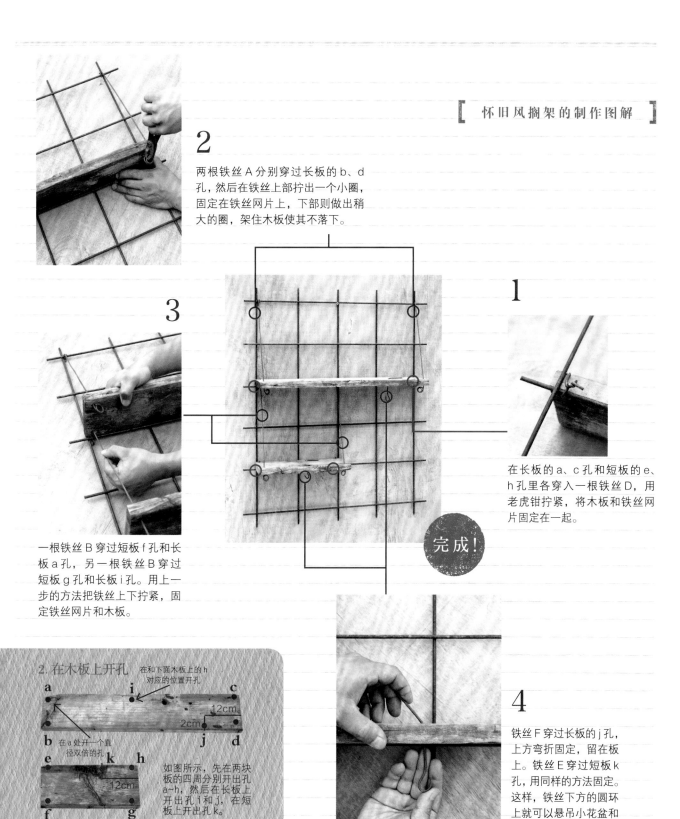

2

两根铁丝 A 分别穿过长板的 b、d 孔，然后在铁丝上部拧出一个小圈，固定在铁丝网片上，下部则做出稍大的圈，架住木板使其不落下。

1

在长板的 a、c 孔和短板的 e、h 孔里各穿入一根铁丝 D，用老虎钳拧紧，将木板和铁丝网片固定在一起。

3

一根铁丝 B 穿过短板 f 孔和长板 a 孔，另一根铁丝 B 穿过短板 g 孔和长板 i 孔。用上一步的方法把铁丝上下拧紧，固定铁丝网片和木板。

完成！

4

铁丝 F 穿过长板的 j 孔，上方弯折固定，留在板上。铁丝 E 穿过短板 k 孔，用同样的方法固定。这样，铁丝下方的圆环上就可以悬吊小花盆和杂货来装饰了。

2. 在木板上开孔

在和下面木板上的 h 对应的位置开孔

a   i   c

2cm   12cm

b   j   d

在 a 处开一个直径双倍的孔

e   k   h

12cm

f   g

如图所示，先在两块板的四周分别开出孔 a~h，然后在长板上开出孔 i 和 j，在短板上开出孔 k。

让壁面 DECO 与众不同的 水性油漆

壁面的颜色是决定整体氛围的重要因素，下面介绍 7 种既能让杂货和植物和谐共处，又有怀旧风格的颜色。

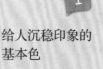

1 给人沉稳印象的基本色

百搭的茶褐色，赋予整座花园统一感。

4 与柔美风格杂货十分搭配的棕红色

棕红色适合女性风格的花园，可以打造出浪漫的气氛。

5 温暖而厚实的土橘色

加入了大理石粉末，略带粗糙的质感涂刷出来的效果却意外柔和。

适用面较广的
土黄色

沉着而自然的土黄色容易搭配，也易于混色，是
非常适合新手的色彩。

人见人爱的
清爽灰绿色

这是绿色系中极具人气的灰绿色，它的色调相对
沉稳，可以衬托得花园更加明亮。

让壁面装饰彰显
华丽的紫色

华丽而不失稳重的紫色非常适合喜欢挑战个性化
设计的人。

和牛仔布一样富有
亲和力的牛仔蓝

平易近人的色彩，用于各种风格的壁面都万无
一失。

更换杂货的种类，让壁面变化无穷

Image change

　　替换装饰的杂货，场景会焕然一新，这正是壁面装饰的优势所在。根据季节和心境的变换，随时改变花样，以下两座花园的装饰玩法正是值得我们借鉴的好模板。

style A

一大一小两个水壶的简洁陈设，给人整洁印象。

陶瓷洗手盆里种上蔬菜和香草，变身为小小的厨房花园。

style B

改变焦点物品的颜色，
让每个季节都有新鲜感

黄色和红色的杂货给朴实素雅的
角落添上一抹亮彩，搭配的植物
也选择南非菊等黄色系的花。

style A

鲜艳的迷你杂货
带来亮彩和活力

零散点缀的蓝色杂货
让空间清爽而明快

style B

把色调统一换成干净的蓝色，杂货虽多却不凌乱。地板上摆上大型物件，让画面更加平衡。

控制整体印象

配色的要诀在于

木甲板的一角支上"L"形的木板作为墙壁，营造出和室内一样惬意的环境。以旧的台式缝纫机和小木架为中心，通过改变杂货的色调，让壁面装饰大显其能。

"选择杂货时要考虑背景的颜色。甲板是白色的，所以可以用彩色杂货来点缀。"京子说。

看着这里散放的各种彩色小杂货，可以想象京子为了收集这些风格统一的物品，必定费了不少心思。

另一方面，包围庭院的围栏被涂刷成了深绿色，仿佛和植物融为一体，和谐悦目。在背阴的场所，把白色的搪瓷制品挂在栅栏上，制造出别致的动态美。

深绿色的围栏前设置了水栓和橱柜，月季'科尼利亚'和'路易·欧迪'沿着围栏攀爬而上，橱柜上还点缀着一盆醒目的红色微型月季。

京子家的
花园风景

将板壁前的空间
改造成小小的厨房花园

板壁前面的陶瓷洗手盆里种上了芥菜、细叶芹和瑞士甜菜，壁面挂上镜子，增加纵深感。

涂刷成白色的花园桌椅
成了视线焦点

围栏前摆放着一套手工涂刷的白色花园桌椅。在深绿色背景的映衬下，白色的桌椅成了视线的焦点，既有安定感，也显得一旁的杂货更加生动。

引人注目的入口处
摆放了手工家具

为了遮掩空调外机和管道，京子特意在此处安装了一个木箱装饰架。旁边的栎叶绣球枝繁叶茂，让路过的行人赏心悦目。

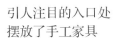

巧妙的
杂货使用法
Technique 大公开

**利用高度的变化，
凸显起伏流畅的线条**

围栏的各处都装上了搁板，作为杂货的展
示场所。放上一只个子较高的牛奶罐，打
造出高低变化。

为陈设的杂货设置主题
统一空间的意境

甲板一头设置的木架上收集了以园艺为主题的杂货和工具，
悬挂的水壶和漏斗让空间富有动感。

枝叶半遮半掩下，
杂货和植栽演绎出整体感

藤本月季的枝叶下搪瓷罐若隐若现，红色系的
铁皮标志牌起到了收拢视线的作用。

巧妙使用小杂货
打造花园亮点

玄关旁边设置了一套摆设杂货的板壁，琳琅满目的杂
货或悬挂或摆放，陈设的手法变化无穷，极富看点。

装饰上植物，更显灵动

**厨房用具搭配
花园里采摘的鲜花**

悬挂着牛奶锅和托盘的壁面一角加入
了一个蜡烛杯，里面插上新采的角堇
和铁线莲，瞬间增加了自然的韵味。
注意摆放的高度要参差不齐。

**小铁皮桶活用成
多肉植物的展示舞台**

生锈的铁皮桶里种植着各种多肉植
物，用绳子吊起来挂在壁面。古铜色
叶片和铁皮材质十分搭配。

**红色微型月季
非常吸引眼球**

白色搪瓷小桶里种上微型月季'皇家
树莓'，摆放在阴暗的角落，画面立
刻变明快，心情也随之明亮起来。

精心栽培的月季开放时，
杂货和植物也变得迷人

月季无花的季节，
用厨房杂货和各色草花来装点花园

并排放置的储物箱上面陈列着搪瓷碗和米白色大盆，吊篮中的红色花朵成为此处的亮点。

style A

styleB

点缀上粉色花朵，
微微拂来浪漫的气息

考虑到花的分量，主人自己制作了一个相对较高的木架。白色和灰蓝色组合呈现出恰到好处的甜美感。

和月季搭配得当是选择杂货的关键

在整座花园的壁面装饰中，主人最喜欢的是玄关旁边的角落。这里由木材组合成的架子上攀爬着淡粉色的月季'科尼利亚'。

"每年一旦月季花开放，我就会更换杂货的搭配，这已经是惯例了。"主人说。

在没有花的季节，花园里摆设的是特征鲜明的厨房杂货；到了月季的花期，则将它们换成简洁的玻璃器皿、搪瓷餐具，让月季自身的柔美气质得到最大限度的发挥。

花园中的其他地方也随处可见壁面装饰的陈设，利用盆栽吊篮把狭小的空间有效利用起来，让花园处处都充满韵味深长的美景。

景子家的
花园风景

**铁皮花桶里花瓣漂浮着，
留住花的光彩瞬间**

月季'路易·欧迪'下方放置了一
个盛了水的铁皮桶，水面撒上少
许花瓣，仿佛在向花朵短暂的生
命道别。

**以铁艺栅栏为背景
装饰上厨房杂货**

低矮的墙壁前设置了一排古色古香的铁
艺栅栏，挂上搪瓷罐和长柄勺，花盆则放
在餐桌上。

花园最深处用一块板壁和假窗演绎出纵
深感，红色的月季是'贾博士的纪念'，
白色的则是'丰盛'。

巧妙的
杂货使用法
Technique 大公开

被各种杂货环绕的假窗
成为一个精彩的小舞台

假窗旁边设置了一个阶梯状的陈设台，精心挑选的铁丝鸟笼既不会太重，又美观耐看。

生锈的杂货
与一片绿意完美融合

A 玄关旁的展示架上醒目的小鸟摆设与搪瓷锅里深红色的月季完美搭配。
B 雪人形状的铁笼成为角落的焦点。

杂货悬挂在半空，
增添了灵动感

把水晶、铁艺杂货和干燥的香草挂到铁圈上，再悬挂于楼梯旁，微风拂来，仿佛能听见犹如风铃的叮当声。

统一杂货的主题，
激发人们的想象力

搪瓷水壶搭配甜点盘，很容易让人联想到惬意的下午茶时光。大红色的红毛苋色泽明快，起到画龙点睛的作用。

装饰上植物，更显灵动

阶梯旁的绿色植物
映衬得月季更加动人

重瓣耧斗菜'粉塔'和黄水枝混植在阶梯旁。花色以白色和粉色为主，再用大大小小的叶片营造出微妙差异。

白色和深红色的月季
散发着成熟的韵味

两种颜色的月季牵引到栅栏上，组成富于变化的风景。铁艺花椅上缠绕的藤蔓营造出自然的氛围。

以叶片为主的
绿色吊篮

淡绿色的板壁上挂着五彩苏和委陵菜组成的盆栽，增添了丰润感，也让壁面空间立体起来。

和植物一起大显身手

各种风格的杂货大聚焦

从吸引眼球的明星好物到烘托植物之美的名配角，
各种风格的花园装饰杂货应有尽有。

古董风格的儿童木靴摆件

手掌大小的小木靴外部经过做旧
加工，加盖的印章富有情趣，可
用麻绳吊挂装饰。

Natural

自然风

不加修饰的简洁设计是自然风格的
要诀。自然风的素材能很好地和植
物融合在一起。

小鸟巢穴装饰物

用麦秸制作的鸟巢
饰品，造型甜美，
温馨感十足，可以
像真正的鸟巢一样
装饰在树枝上。

单耳罐形状的花钵

做工精细，富有异国情调，鲜艳的蓝
色在绿叶中非常和谐。

方骰子形的万年历

温暖的木质材料和植物十分搭配，
黑色的数字格外亮眼。

玻璃钟罩和托盘

小型的玻璃圆钟罩。轻薄的玻璃
给人纤细的印象，中间可以摆放
干花等不耐雨淋的物件。

花格玻璃盘

表面嵌入装饰玻璃的方盘。可以
嵌入明信片、照片、干花和压花等。

悬吊玻璃花器

可以作为吊篮，在里面插上花或摆放蜡烛，也可以单独装饰。

Chic

雅致风

兼具女性气质和成熟韵味的设计。控制色彩的数量，显出优雅的风范。

窗帘绳

用来束系窗帘的绳索，尾部有钻石装饰，非常有古典韵味。由于是树脂制品，装饰在室外也无妨。

钥匙圈

挂了4种钥匙的钥匙圈，古铜的质感和色泽十分美观，可以随手悬挂或放置在花园之中。

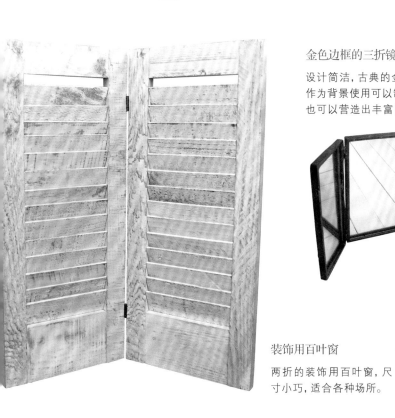

金色边框的三折镜

设计简洁，古典的金色富有魅力。作为背景使用可以制造出纵深感，也可以营造出丰富的情调。

装饰用百叶窗

两折的装饰用百叶窗，尺寸小巧，适合各种场所。

木制迷你衣架

悬挂珠宝首饰的衣架形收藏道具。造型别致，颇有韵味，可以增添柔美的气氛。

Cute

甜美风

有着时尚的设计和人见人爱的魅力，特别适合背景明亮的白色空间。

古典风格的线卷

造型可爱的木制线轴卷上大地色的羊毛线。可以作为饰品来装饰，也可以随手放置。

皮靴小鹿特色存钱罐

穿着鲜红色靴子的小鹿造型存钱罐。温驯的大眼楚楚动人，童趣造型令人过目不忘，适宜放置在醒目处。

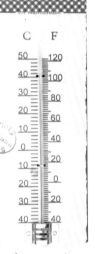

温度计

复古设计的温度计。铝制的背板稍有锈蚀，给人温馨之美。背面有磁石，可以吸在壁面装饰。

花朵图案的玻璃钟罩

画有花朵的玻璃钟罩。纤细的图案和鲜艳的颜色富有魅力，放置在绿色丰富的位置，效果非常出众。

双层铁艺托盘

镂空装饰的双层铁艺托盘。可以作为小花盆的花台，或是下午茶时间的甜品架，用途多样。

拼花玻璃三折屏风

拼花玻璃的三折式迷你屏风。尺寸小巧，适用范围广泛。

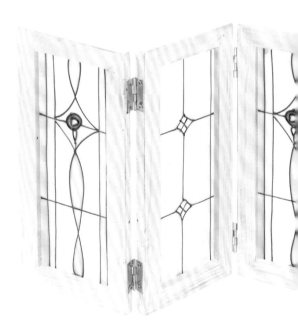

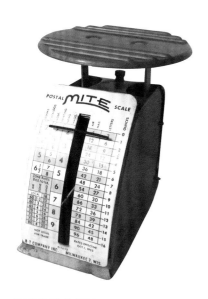

Junk
怀旧风

历经岁月的杂货，演绎出怀旧的情怀。生锈的铁器和斑驳的油漆是造型的要点。

旧货风格的装饰盒

适合摆放古旧杂货的简洁风格装饰盒。透明的部分是轻量的亚克力板，悬吊起来也很安全。

刻有字母的印章

铁制的古董印章。搭配其他小物件或是成套摆放都很有特点。26个一组，还带有一个收纳小木盒。

海蓝色的古董秤

称量信件和航空小包的铁皮邮局秤。富有特征的造型和计量表使它不管摆放在何处都格外显眼。

铁夹子

经过锈蚀加工的古旧风格小夹子。可以将纸质品夹起来作为装饰，使用非常方便。

黑色铁艺提灯

怀旧风格的铁艺提灯。纯黑的设计适合任何风格。

小鸟屋

开有两个小窗的古董式小鸟屋。屋身是木制的，屋顶和入口为铁制品，不同材质的组合很有特点。

Stool

Table

Shelf & Box

有了花园家具，风景立刻醒目出众

花园家具是提升壁面装饰格调的重要道具，具有存在感的椅子、作为陈设背景的餐桌和木箱等，无论是木头还是金属制品，都有无穷魅力。而摆设的要点在于合理布局，随性配置。

Chair

Stool 圆凳

只需增添一个小圆凳，
就能让风景融入日常生活。

形状紧凑的圆凳
犹如饰品一般，
很容易融入装饰
的氛围中。

风格独特的圆凳
是壁面装饰的焦点

黄色的木箱配合深色的
圆凳，让这个角落有了
整体协调感。

椅子不仅可以供人休息，
也可以作为花台使用。

Chair 椅子

How to
Select
选择的秘诀

椅子有很强的存在感，
可以聚拢视线，也可以
作为装饰搭配。根据使
用的目的和花园的风
格，选择造型和颜色合
适的椅子。

线条优美的白色椅子
让空间更加明亮

深茶色的墙壁赋予空间沉稳的
氛围，装饰上白色的椅子，则多
了几分清爽的感觉。

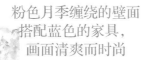

粉色月季缠绕的壁面
搭配蓝色的家具,
画面清爽而时尚

深绿色的木围栏和一张雅致的
蓝色椅子衬托出月季的柔美色泽。

绿叶覆盖的墙壁
搭配一把古旧的长椅

绿意葱茏的角落里放着一条木
制长椅,营造出一个轻松舒适的
空间。

选择简洁的设计，作为杂货和植物的装饰
背景，秒变壁面装饰的好帮手。

  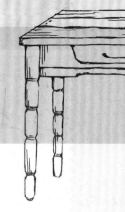

白色桌子上
配置铁皮器具，
搭配极具特色

白色桌子上摆放了数种铁皮器具，
映衬得枝条下垂的藤本茉莉分
外生动。

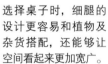

How to
Select
选择的秘诀

选择桌子时，细腿的
设计更容易和植物及
杂货搭配，还能够让
空间看起来更加宽广。

黄色折叠桌是白色壁面的焦点所在

黄色桌腿交叉成十字形，和桌上的小花盆搭配起来，让这个角落充满活力。

以缝纫机代替花台，摆上植物增添空间的明快感

砖墙沉稳的色调和作为花台的缝纫机和谐一致，打造出一个有整体感的空间。

木制的桌子让空间更柔和

绿意盎然的阳光房里放置了一张木桌，营造出自然的氛围

堆叠摆放架子和箱子，
让壁面装饰更加立体。

How to Select
选择的秘诀

GARDEN

摆放杂货时，最好留出
少许空白，这样会显得
更清爽、整洁。

**把木箱子叠起来
组合成风格装饰架**

把别有意趣的蔬菜箱子堆叠起来，打
造随时随地可以欣赏的小小壁面
DECO。

简洁的素色墙壁上
装饰一个红色屋顶式的
可爱棚架

这个显眼的迷你装饰架是专
为纵深感不足的空间设计的，
创意满满。

简洁的架子里
整齐地排列着
小小的多肉植物

为了摆放小型多肉植物而特
制的陈列架。整齐的排列方
式突显了多肉植物各自的形
状和颜色。

别致的分割方式
制造出起伏变化的风景

安装在围栏上的架子里摆满了
小花盆，隔板巧妙地分割了空间，
为壁面制造出韵律感。

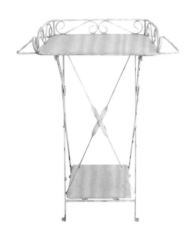

铁艺桌子

复古设计感的桌子，造型优美，再现了历经年月的风味，折叠式设计，收纳起来节省空间。

椅子、架子、搁板……

陈设杂货的家具

实现立体的陈设，或是作为装饰的基础，适用于壁面装饰的家具多种多样。

金属网格架

小型铝制网格架与多肉植物非常相配，可以保证采光和通风，适用于迷你花台。

装饰用条凳

用旧木材制作的长凳，颜色和设计与多种风格的花园都很相配。

百叶窗屏风

壁面装饰中不可缺少的百叶窗。古风的设计、做旧的加工，以及清爽的淡灰绿色外观，整体显得十分高雅。

木箱式装饰架

用薄木板隔成小格的木制装饰架。为装饰小物件而特制，也可以横放下来用作收纳箱格。带有吊挂把手，还可悬挂于壁面。

木制的碗橱

复古风的餐具架可以像壁面一样分割和装饰空间。体型较大，但被漆成了不会产生压迫感的浅色系。

铁艺花架

本是用于牵引花草的攀爬架，也可用作花园装饰，靠放在不太美观的壁面上，印象大大改观。

木制墙壁挂板

手工制作的组合挂板，上面有可以摆放玻璃杯的凹槽。组合随意的木板给壁面带来自然的观感，玻璃杯可作为水培植物或鲜切花的花器。

怀旧风格的圆凳

斑驳的涂漆给人深刻印象，是一件可以用于任何场景的经典陈设家具。

熨衣板

利用旧木材制作的复古风熨衣板。细长的设计适宜挂在墙边，木板可根据喜好自行上色。

老式家具风格的黑色木架

脱落斑驳的黑色油漆酝酿出沧桑之美，在任何场景里都可以营造出意味深长的氛围。

抽屉架

可竖立在壁面的梯子状木架。有了这件架子，狭窄的壁面也能被有效利用起来。

4 ways to enjoy DECO

体验DECO的4个关键词：
悬吊、壁挂、竖立、嵌入

精通 4 大技巧，
享受属于你的DECO

壁面装饰高手们使用的技巧就在这里，
牢记基本手法和要点，
你也能创造意想不到的非凡效果！

悬吊

Hanging

悬吊在半空的小物件和组合吊篮
随风摇摆，好似风铃般优美的动态让
壁面清新迷人。

铁艺杂货和花篮
摆在较高的位置更醒目

灰色的小屋墙壁上，以橘黄色为主的三色堇组合吊篮
带来明媚的亮彩。

下左：枝叶交错的绿色背景中，鸟笼和提灯的小挂件典雅优美。
下中：具有厚重质感的花盆架映衬得栅栏上的月季更加鲜嫩。
下右：把柳条编织篮子和提灯悬吊在树枝上，形成一幅自然的画面。

壁挂

Hooking

把杂货吊挂在架子或栅栏上是壁面装饰的基础操作。通过改变挂件的材质、尺寸，以及悬挂的高度和朝向，可以创造出丰富的变化。

一排以厨房用具为主题的白色杂货把深沉的绿色背景变得妙趣横生。

把描绘了灰姑娘故事场景的点心盒盖子当作画框来悬挂，让空间充满童话色彩。

通过斑驳的锈迹
体味时间的流逝

手工涂刷的木框架充满了复古风情，中间的镜面里倒映着生机蓬勃的植物。

古旧的铁钥匙和剪刀间隔悬挂，成为韵律感十足的陈设。

被枝条包围的铁艺挂钩上挂着园艺工具和罐头花钵，成为小小的展示台。

屋檐下沉闷的空间里悬挂了一把铁皮水壶，铁皮冷硬的质感映衬得淡蓝色的墙壁格外清新明丽。

粗孔的草编提篮里随手放入一把木制小件，挂到墙上后再插进少许红果枝条，成为一件醒目的装饰。

具有分量感的铁艺板上悬挂一个透明的玻璃瓶，不同的质感相得益彰。

用铁丝小筐收纳牵引藤条的麻绳等园艺用品，后面再添加一幅画板。

花盆架上挂上两个大大的金色字母，把古朴的工具变成壁面的装饰。

花架边缘的深蓝色线条和清新的植物相搭配，整体显得清爽宜人。

壁挂

Hooking

把植物挂起来不仅可以节省空间，还可以为壁面增添生机。花盆和架子的搭配是提升氛围的关键。

白色栅栏上，大小不同的花盆排列得井井有条，形成一幅美妙的场景。

以绿叶为主的悬吊花篮挂在白色的墙壁上，有白斑的叶片造就了白与绿的清晰对比。

'龙沙宝石'下悬挂着一只由藤本微月'梦乙女'绕成的花环，大大小小的粉色花朵在白色墙壁上演绎出浪漫的风景。

攀缘在壁面上的月季搭配亮绿色的多肉植物，形成鲜润的一角。

白色的吊盆不经意间将壁面上的铁艺花架衬托得格外优美。

花盆用麻绳松松地缠绕几圈后挂在架子的一端，为白色墙壁增添了一抹亮彩。

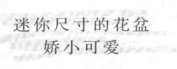

迷你尺寸的花盆
娇小可爱

画有花卉的花盆种上绿植，高低错落地装饰在米色的墙壁上，给予空间变化感。

挂在壁面的红毛苋盆栽让单调的空间有了色彩。

挂在壁面的古董风格铁艺花盆是绿叶的好陪衬。

月季花枝掩映的壁面一角随意放置了一个素烧陶　　优雅而自然。一旁的水栓上挂着一个生　　了的装饰牌。

绿色釉烧的壁挂瓷盆与古朴可爱的多肉植物非常配。

竖立

Leaning

梯子和木板随意地竖立摆放，花园工具也可以成为装饰的素材。

上：暖色的墙壁上靠着一把木制梯子，台阶活用成了摆放花盆的花台。

右：彩色的梯子把隐蔽的角落打扮得精彩起来。

下左：时尚的薄荷绿色数字牌让多肉植物茁壮的枝条显得动感十足。

下右：白色的画板和小鸟装饰将墙边的管道巧妙地隐藏了起来。

油漆斑驳的车轮和生锈的铁锹靠着墙壁，演绎出田园牧歌般的氛围。

和壁面融为一体的素材
给人留下自然随意的印象

嵌入

Framing

小窗式的设计可以嵌入各种饰物，令人不禁想窥看其中，造就出仿佛秘密小屋一般的风景。

窗框外环绕着绿色的植物，
让韵味更加深远

白色墙壁上的大红色窗框搭配着月季的簇簇白花，酝酿出浪漫的气氛。

菱形的木框和纤细的铁艺花饰组合在一起，造型颇为时尚。

深色的墙壁上，一扇拼花玻璃窗给空间带来了亮彩，下方的小架子上装饰着可爱的盆栽。

围栏上悬挂着镜子，让人感觉不到这是园路的尽头，反而映出一个无限深远的奇妙世界。

窗框中嵌入亚克力板，柔和的光线投射进来，让杂货架子显得更美观。

Wall Item

让花园更独特的
壁面杂货

壁面杂货可以作为摆设台，也可以作为花架的一部分，陈列的方法多种多样。

用装饰空间的道具
打造迷人的壁面风景

壁挂式的物件移动方便，可以随手放入植物，让画面更加生动。请根据装饰的场所和目的选择搭配吧！

[a] 铁皮火柴盒
[b] 镀金属窗框
[c] 洗衣板

[a]

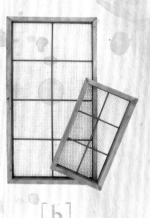

[b]

[c]

[d]

悬挂植物和杂货的挂钩
也有讲究

虽说是挂钩，但是也有不同的材质和设计——用花园钉耙头做成的挂钩、折叠式木挂钩等。品种多种多样，都适合作为壁面的重点装饰。

[d] 数字挂钩
[e] 木制折叠挂钩
[f] 钉耙头

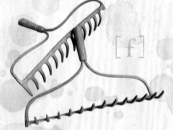

[f]

[e]

藤本植物

盆栽植物

适宜壁面
DECO 的植物

攀缘在壁面上的藤本植物；易于组合搭配的盆栽植物；
姿态独特的多肉植物；适合种植于墙脚的地被植物……
在壁面装饰中大显身手的植物实在数不胜数，一起来
欣赏吧！

多肉植物

地被植物

柔长的藤蔓
自然优美地覆盖着墙壁

白色窗框和藤本月季装点着壁面，景色淡雅宜人

牵引到壁面的原种蔷薇和藤本月季'新曙光'色泽淡雅，和草丛中放置的
铁皮水壶一起烘托出自然的丰美。

藤本植物

**环绕在夜灯周围的藤蔓
营造出野生的情趣**

复古的照明灯周围藤本茉莉繁茂旺盛,在暗夜中散发着阵阵香气。

壁龛的周围缠绕着绿意葱茏的藤蔓

壁龛的四周攀爬着铁线莲的枝条,叶片的分量恰到好处,既能覆盖住墙壁,又不会过分重叠而显得厚重。

**用藤蔓把杂货串联起来,
让景色更统一**

白色栅栏上摆着小花盆和厨房用具。用青绿的常春藤把小物件串联起来,让画面更加完整。

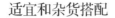

花、叶优美的
藤本植物

香豌豆
豆科 一年生草质藤本

利用卷须缠绕攀爬，花朵朴素纤美，一般在春季开花，也有的品种在冬季或初夏开花。

花叶地锦
葡萄科 落叶木质藤本

利用带有吸盘的卷须攀爬，吸附力强，无须人工牵引即可爬满整面墙，秋季叶片会变成魅力十足的红叶。

藤本月季
蔷薇科 落叶木质藤本

品种众多，花色、大小和花形多种多样，适合装饰于壁面及拱门等处，需要通过修剪和牵引来保持美丽的姿态。

蔓马缨丹
马鞭草科 蔓性半灌木

蔓马缨丹的藤条可长达4m。花期很长，小小的花朵几乎全年开放，花色有白色、黄色、粉红色等。习性强健，是花、叶均佳的花园观赏植物。

黑莓
蔷薇科 落叶木质藤本

整个夏季枝条上会不断结出果实，果实变黑后即可采摘。

金钩吻
钩吻科 常绿木质藤本

春季会开出喇叭形的花朵，藤条生长旺盛。强健容易栽培，管理时注意不要让藤条间互相缠绕。

葡萄
葡萄科 落叶木质藤本

藤条生长茂密，相比壁面，更适合牵引至木架上。'巨峰''麝香'等品种容易栽培。

蔓性风铃花
锦葵科 常绿蔓性半灌木

枝条长，6—10月会开出可爱的小花，在同属植物里属于耐寒品种，在南方的户外可以过冬。

常春藤
五加科 常绿木质藤本

有各种叶色和带有花斑的品种。生长旺盛，可利用根系在墙上攀爬。

倒地铃
无患子科 草质藤本

藤条柔软纤细，形态柔美。初夏会开出大量小白花，随后结出一个个灯笼般的果实。

金银花
忍冬科 半常绿藤本

5—9月开出芳香的花朵，花期主要在初夏。藤条生长旺盛，开花性好，一株就足够醒目。

铁线莲
毛茛科 草质藤本

品种众多，花色、花形都很丰富。有春季到秋季开花的品种和四季开花的品种。四季开花的品种在花后要及时修剪，以促使其再次开花。

**用橄榄油桶
作为栽花的容器**

利用花台抬高视线，小小的盆栽植物也有
强烈的存在感。在素白空间里装点一盆淡
粉色的花，柔美悦目。

**用杂货代替花盆，
让壁面装饰更加灵动**

白色的水壶里种上枝条下垂的假马齿苋，摆放在灰
色壁面前的搁板上，呈现出甜美的一幕。

**亮色系盆栽
给予空间无限活力**

在被蓝色围栏围绕的空间里摆上能够充分反射光线的白色圣诞玫瑰盆
栽，场景立刻明亮起来。

古旧的椅子和干花搭配复古色系的木架，乡村风味十足，一盆盛开的
南非菊让景色变得清新素雅。

圣诞玫瑰
毛茛科 耐寒多年生植物

株高一般为20~50cm，根据品种的不同会有所差异。12月至次年3月会有色调淡雅的花朵朝下开放。喜日照，但夏季应当避免强烈的阳光。

砖红蔓赛葵
锦葵科 耐寒多年生植物

纤细的茎干长20~35cm，有时可以蔓延至100cm以上。5—7月会开出淡粉色花朵，适合吊篮栽培。

法兰绒花
伞形科 不耐寒多年生植物

株高30cm左右，全株密生细柔毛，花期很长，从春季到秋季灰绿色的茎上会开出单瓣的白色花朵。植株不耐高温高湿，耐寒性也较差。

蓝雏菊
菊科 多年生草本或亚灌木

株高20~50cm，小苗适合盆栽，长大后可移植到花坛里。另有斑叶的品种。花期长，春季和秋季都可开出蓝色的小花。

千叶吊兰
蓼科 常绿藤本

株高约15cm，细细的枝条上长满圆形小叶片，还有心形叶片和斑叶的品种。强健好养，枝条茂盛，适宜吊篮栽培。

蓝扇花
草海桐科 不耐寒多年生植物

4—10月开放扇形小花。茎长50~70cm，横向匍匐伸展，适合在花盆或吊篮里栽培。

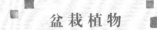

三叶草
豆科 耐寒多年生植物

株高5~10cm，喜日照，在地面可匍匐生长，也容易在花盆里栽培。

常春藤叶天竺葵
牻牛儿苗科 半耐寒多年生植物

株高20~30cm。枝条下垂，适合在壁挂盆或吊篮里栽培。花期长，春、秋两季均可开花。

百万小铃
茄科 不耐寒多年生植物

株高10~30cm，枝条下垂，适合盆栽。花色十分丰富，5—10月持续开花，注意要定期施肥。

仙客来
报春花科 球根植物

10月至次年3月开花。新近有比传统园艺种仙客来更小的品种，株高10~20cm。有一定耐寒性，请注意及时摘去残花。

花叶五叶地锦
葡萄科 木质藤本

叶片很薄，浅色的花纹给人带来清凉的感觉。夏季日照强烈时叶片容易被灼伤，最好放在半阴处管理。

欣赏多肉植物的
微妙色泽

在木框里搭配种植
各色的多肉植物

木框里混栽了龙血锦、千里光、石莲等不同颜色的多肉植物，组合在一起仿佛油画一般美丽。

形状不同的多肉植物
让组合搭配富有乐趣

古旧风格的杂货和多肉植物的搭配组合让小角落韵味十足。

小小的容器里
种满高低错落的
多肉植物

以石莲花为主的数种多肉植物混栽在铁皮桶里，柔和的色泽与白色墙壁和谐统一。

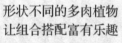

为荫蔽处
带来亮度和水润感的多肉植物

利用镜面的反射让空间显得更加开阔通透，铁皮花盆和空罐头盒里多肉植物的叶片则丰富了空间色彩。

铁艺篮筐和马口铁小桶里都种上了多肉植物,打造出一个怀旧风
的角落,高低错落的陈设蕴藏着无限韵味。

黑法师
景天科 莲花掌属

株高20~100cm，茎干顶部着生莲花般的叶丛，整体犹如雕塑一般，底部的老叶会逐渐脱落。

姬胧月
景天科 风车莲属

株高15cm左右，叶色为古铜色，叶片带有白粉，秋季叶片会变成红叶。

拟景天
景天科 景天属

有红花拟景天、小球玫瑰等品种。株高10~15cm，夏季开放粉色花朵。

长生草
景天科 长生草属

株高3cm，叶片呈莲座状蔓延。耐寒性好，不怕霜冻。

虹之玉
景天科 景天属

株高10~15cm。椭圆形小叶圆鼓鼓的，非常可爱。初夏开花，秋季部分叶片会转红。

乙姬
景天科 青锁龙属

株高10~15cm，叶片背面带有淡淡的红色，夏季会开出粉色的花朵。

紫丽玉
菊科 千里光属

叶片椭圆厚实，稍稍呈紫色。植株紧凑，春季开放黄色花。

日本景天
景天科 景天属

小叶密集生长，呈地毯状铺开。夏季开放黄色花，秋季叶片转红。

◆ 多肉植物 ◆

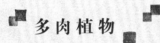

弦月
菊科 千里光属

植株可长到1m以上，红化后叶片会变成美丽的宝石红色，平时则略带紫色。

胧月
景天科 风车莲属

株高约15cm，叶片略带白粉，春季开橘黄色花朵。

若歌诗
景天科 青锁龙属

株高约10cm，圆润的叶片上密生茸毛。天气变冷后叶片会发红。

杜里万莲
景天科 拟石莲花属

叶片很薄，呈美丽的荧光绿色。春季会开出黄色或粉色花朵。

用鲜润的叶片衬托俏丽的花朵

暗色栅栏和枕木上攀爬着月季与薜荔的枝条,脚下蓝色和黄
色的花朵形成对比,鲜明醒目。

高低错落的植栽
带来柔和之美

外墙和园路中间种着月季和山绣球，脚下是圣
诞玫瑰和百里香。茂盛的植物柔和了外墙生硬
的印象。

地 被 植 物

蓝色系花朵
给空间带来清爽的气息

白色墙壁前栽种了深蓝色的山绣球，茂密的枝条与花
配合得恰到好处，即使空间狭小也不会让人感到局促
压抑。

各色植物彼此衬托，
构出热闹的花园一角

紫色的薰衣草和石莲、鲜明的绿
叶与白色的墙壁彼此衬托，让这
个角落显得生机盎然。

117

给人柔和的印象

覆盖壁面下方的地被植物

薰衣草
唇形科 常绿小灌木

株高30~90cm，初夏开出芳香的花朵，生长茂密，管理时要注意保持通风。

樱桃鼠尾草
唇形科 耐寒多年生植物

株高50~90cm，植株蓬松。4—11月开花，花色有红色、白色、粉色等。

麦仙翁
石竹科 一年生植物

株高60~90cm，5—6月开白色或粉色小花。茎干纤细，随风飘动时异常优美。

斑叶鸭儿芹
伞形科 耐寒多年生植物

淡绿色的叶片上布满乳白色的花斑，5—6月开出伞形白花。地下茎增殖迅速，喜好半阴的环境。

耧斗菜
毛茛科 耐寒多年生植物

株高30~90cm，花期5—6月，花色极其丰富，有红、黄、蓝紫、白、粉、黑紫等色。不耐高温高湿。繁殖方式以播种繁殖为主。

蕾丝花
伞形科 一年生植物

株高60~100cm，纤细的茎干上着生大量白色小花，成片种植极其优美。常用种子人工繁殖，也可以自播繁衍。

毛地黄钓钟柳'哈斯卡红'
车前科 耐寒多年生植物

株高70~90cm，抗倒伏，易管理。5—6月开放淡粉色花朵，叶片呈古铜色，深沉美丽。

山绣球
绣球花科 落叶灌木

比园艺绣球更大，叶片更细薄，株高100~150cm，花期在6月，花朵色泽低调雅致，富有野趣。

绣球'安娜贝拉'
绣球科 落叶灌木

高70~120cm，5—6月枝头开出圆球状白色花簇，随着开放，花色慢慢变成绿色。

迷迭香
唇形科 常绿小灌木

品种多样，形态差异很大，有直立型、半匍匐型、匍匐型3种不同的株型，株高30~200cm。细长的叶片带有清爽的香气。

德国鸢尾
鸢尾科 球根植物

4—5月，笔直的花茎顶端会开出鲜艳美丽的大花。株高70~100cm，耐寒性和耐暑性都很好，也耐干旱。

图书在版编目（CIP）数据

壁面花园 / 日本 FG 武蔵编著；Miss Z 译 . — 武汉：湖北科学技术
出版社，2022.2
 （绿手指杂货大师系列）
 ISBN 978-7-5706-1829-3

Ⅰ . ①壁… Ⅱ . ①日… ②M… Ⅲ . ①花卉 - 观赏园艺 Ⅳ . ① S68

中国版本图书馆 CIP 数据核字 (2022) 第011069号

壁面花园
BIMIAN HUAYUAN

责任编辑：张荔菲
美术编辑：胡　博

出版发行：湖北科学技术出版社
地　　址：湖北省武汉市雄楚大道268号出版文化城 B 座13—14层
邮　　编：430070
电　　话：027-87679468
印　　刷：武汉市金港彩印有限公司
邮　　编：430040
开　　本：889×1092 1/16
印　　张：7.5
版　　次：2022年2月第1版
印　　次：2022年2月第1次印刷
字　　数：150千字
定　　价：58.00元

（本书如有印装质量问题，请与本社市场部联系调换）